SOCIÉTÉ ROYALE ET CENTRALE D'AGRICULTURE.

RAPPORTS

SUR

LE CONCOURS OUVERT PAR LA SOCIÉTÉ

POUR LE DESSÉCHEMENT

DES

TERRES ARGILEUSES SUJETTES A ÊTRE INONDÉES;

Lus à la Séance publique du 10 avril 1836;

PAR M. LE Vte HÉRICART DE THURY.

§ Ier. 1°. M. Laure.
2°. M. Hastier Dumoussai.
3°. M. Renard.

§ II. M. le docteur Doé.

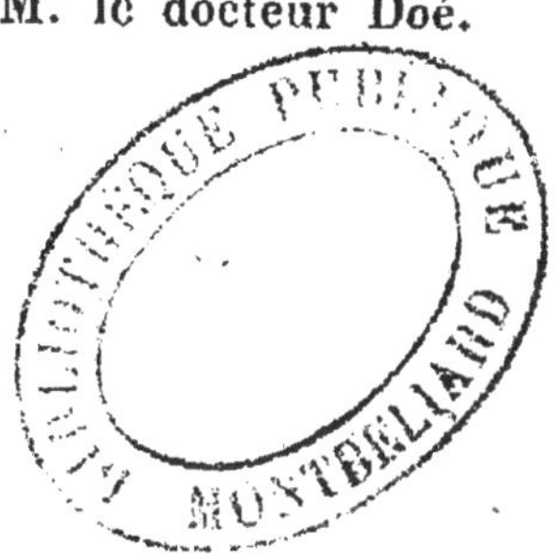

(Extrait des *Mémoires de la Société royale et centrale d'Agriculture*, Année 1836.)

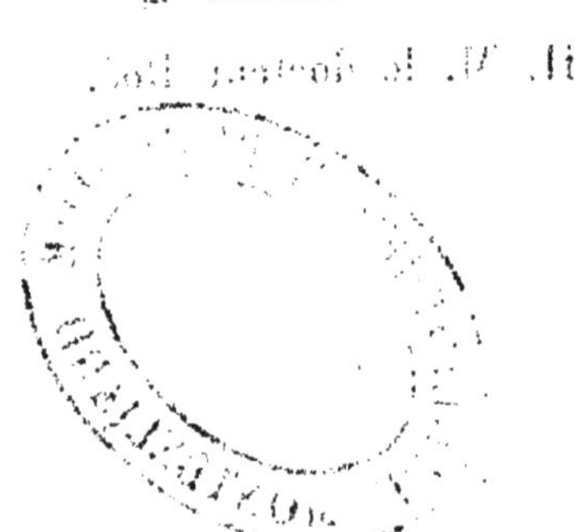

RAPPORTS

Sur le concours ouvert par la Société pour le défrichement des terres argileuses sujettes à être inondées. — M. le vicomte HÉRICART DE THURY, rapporteur.

§ Ier. PRIX ET MÉDAILLES POUR LES DESSÈCHEMENS.

I. — M. *Laure*, membre de la Société d'agriculture du Var et votre correspondant, dans l'intention de concourir pour le prix de 1,500 fr. annoncé par votre programme du 30 mars 1830, vous a adressé, de Toulon, le 17 décembre dernier, un mémoire sur le dessèchement du domaine des Moulières, commune de la Valette, près de Toulon, département du Var.

A ce mémoire, de cinquante-six pages in-folio tellière, il a joint : 1° deux plans figuratifs de son domaine, le premier le représentant au moment où il en reprit possession, au 1er janvier 1828, et le second, en son état actuel, au 1er novembre 1835; et 2° un certificat des anciens détenteurs de ce domaine, légalisé 1° par le maire de la Valette, qui a attesté avec eux l'exactitude des faits énoncés, et 2° par le sous-préfet de Toulon.

Le domaine des Moulières, de la contenance de 25 hectares 32 ares 73 centiares, suivant l'extrait de la matrice cadastrale de la commune de la Valette, est situé sur le penchant des montagnes de Condon et de Pierres-Casses (Pierres cassées). Le fond est argilo-calcaire, plus ou moins compacte; la partie voisine de Condon, qui est calcaire et gypseuse, est plus argileuse et mêlée de débris calcaires; mais celle qui se rapproche de Pierres-Casses est mélangée de fragmens de grès et de granit. L'état constamment humide et même souvent inondé de ce domaine lui a fait donner le nom de Moulières et l'avait fait abandonner, au point qu'il était presque entièrement inculte et n'offrait que quelques oliviers sauvages; enfin, il était affermé 150 fr., et, de 1820 à 1827, époque où M. *Laure* l'a repris, il était même affermé gratuitement, par suite de la mortalité des oliviers et de l'impossibilité de le cultiver, tant il était devenu humide et marécageux, couvert de ronces et abandonné.

Les opérations du desséchement, commencées en 1828, furent poursuivies avec vigueur et

activité les années suivantes ; elles ont consisté,
1° en fossés ou rigoles d'assainissement et coulisses ou fossés couverts, d'un à deux mètres de
profondeur, remplis en pierrailles ; 2° en grandes
tranchées de trois, quatre et cinq mètres de profondeur, suivant les mouvemens ou déclivités
du terrain ; ces tranchées reçoivent les eaux des
rigoles et des coulisses ; 3° en tuyaux, conduites
et aqueducs pour la distribution des eaux dans
la ferme et dans l'habitation ; et 4° dans des réservoirs ou bassins destinés à recueillir toutes
les eaux des tranchées, employées pour l'irri-
gation. M. *Laure* a donné, d'après ses registres
particuliers, année par année, tous les détails
de ses diverses opérations et les frais auxquels
ils se sont élevés, montant au total, en travaux
de desséchement et d'amélioration, à la somme
de 12,359 fr. 90 c.

Suivant les mêmes registres, les revenus annuels du domaine des Moulières étaient, terme
moyen pour les cinq années antérieures à 1827 :

1°. Le fermage, de.........   150 f. » c.
2°. En huile...........   922 95
3°. En vin............   125 »
____

Ainsi, au total.........   1,197 f. 95 c.

Depuis le dessèchement, suivant les détails donnés par M. *Laure*, il a été :

En 1831, de. . . . . 1,561 f. » c.

En 1832, de. 1,716 45

En 1833, de. 1,958 45

En 1834, par l'effet de la longue sécheresse, de . . . . 1,670 »

Et en 1835, année d'abondance extraordinaire, soit par suite de la saison la plus favorable, soit par l'effet de toutes les améliorations faites successivement, de. 3,273 90

Ce qui établit une différence en plus de. . . . . 2,075 f. 95 c. avec les revenus des années antérieures aux travaux de dessèchement.

Sur cette différence, le revenu net du sol, en 1835, a été de. . . . . 1,318 f. » c. tandis qu'anciennement, et suivant ce bail, il n'était que de . . . 150¹ »

formant ainsi, pour le produit du sol, un excédant de revenu de. . 1,168 f. » c. qui doit infailliblement encore augmenter, par suite de toutes les autres améliorations.

Convaincu de la nécessité d'avoir toujours d'abondans engrais pour ses terres cultivables et pour ses prairies , M. *Laure* a reconstruit l'auberge de la Valette , dépendant de son domaine, la seule du pays avant d'arriver à Toulon et qui reçoit souvent, par jour, plus de cent chevaux ou mulets des rouliers de Provence.

La dépense s'est élevée en tout à. 5,648 f. » c.

La location de cette auberge est aujourd'hui de . . . . 1,130 f. » c.

Elle était précédemment de. . 500 » »

Ce qui donne encore une différence de revenu de. . . . . . 630 f. » c. et quatre fois plus de fumier que précédemment, les rouliers n'étant plus, comme autrefois ; obligés de couper leur journée, dans la crainte de manquer de gîte à la Valette.

M. *Laure* signale la poussière qui s'élève des grandes routes, et qui retombe sur les oliviers plantés dans leur voisinage, comme donnant une végétation vigoureuse à ces arbres, qui sont plus productifs. Il eût été plus exact de dire que ces poussières sont à la fois un engrais et un amendement pour les terres où se trouvent ces oliviers ; entre lesquels on fait même venir des primeurs ou des céréales, tant que ces arbres ne couvrent pas entièrement le terrain.

Après le dessèchement des différentes parties

du domaine des Moulières , M. *Laure* a entièrement replanté tous ses oliviers et ses vignes.
Ces plantations sont dans l'état le plus prospère.
Il a, depuis, fait également des grandes plantations de mûriers, d'amandiers, et d'arbres fruitiers de toute espèce.

Il a coupé, en différentes directions, ses terres
par de doubles haies de cyprès, pour faire des
abris qui lui permettent de cultiver, en primeurs,
des plantes potagères et légumineuses. Il a dis-
tribué les eaux de ses retenues, de la manière la
plus avantageuse pour les irrigations des prairies, des diverses cultures, de la ferme et de ses
dépendances.

Pour mettre le comble à toutes les améliorations qu'il a faites dans les Moulières, M. *Laure*
y a construit, en vue de la rade de Toulon et
de la pleine mer, une habitation pour lui et sa
famille, dans une bonne exposition, entourée
d'orangers, de citronniers, de bergamotiers, de
mûriers, d'amandiers, de noisetiers (1) et d'arbres fruitiers de tout genre, abritée des tem-
pêtes du nord-ouest ou du mistral par de doubles
rangées de cyprès ; enfin ces plantations ont si

____

(1) Les noisettes sont un objet de commerce qui a le plus
grand succès à Toulon , Marseille et dans tout le midi.

bien réussi, l'aspect de ce domaine est aujour-d'hui tellement changé, la culture y est dans un tel état de prospérité, les prairies y sont si belles, les oliviers, les vignes et tous les arbres si bien venans, que les habitans du pays, qui en ont été absens pendant quelques années, ne le reconnaissent plus et se croient transportés dans une contrée étrangère, en trouvant un domaine couvert de riches moissons, ombragé par de belles plantations, avec des réservoirs d'eaux vives et des canaux d'arrosage, là où, naguère, ils n'avaient vu qu'un marais ou des ronces.

M. *Laure*, en vous adressant son mémoire sur le desséchement du domaine des Moulières, a exposé dans le plus grand détail et a décrit avec le plus grand soin toutes ses opérations et leurs dépenses. Il vous a tout dit à cet égard il vous a donné le relevé de ses registres particuliers ; enfin, et conformément à votre demande, il vous a fait connaître 1° l'état des récoltes obtenues pendant les cinq dernières années antérieures à l'introduction de sa méthode de desséchement, et 2° leurs produits depuis qu'elle y est établie, en indiquant les diverses espèces, quantités et qualités des récoltes. Enfin, il s'est en tout point conformé rigoureusement et consciencieusement à toutes les conditions de votre programme du 3o mars 183o.

Nous avons, en conséquence, l'honneur de vous proposer de lui décerner, en séance publique, votre second prix, celui de quinze cents francs, que vous avez promis pour le dessèchement d'un terrain de vingt-cinq hectares.

Paris, le 15 mars 1836.

HÉRICART DE THURY.

La Société, adoptant les conclusions du rapport de sa commission, a décidé qu'elle décernerait, en séance publique, à M. *Laure*, des Moulières la Valette, le prix de 1,5oo francs qu'elle avait annoncé par son programme.

———

II. — M. *Hastier Dumoussai*, propriétaire à Moulins, département de l'Allier, a fait connaître à la Société un mode de dessèchement de son invention, qu'il a mis en pratique sur les terres argileuses et humides des environs de Saint-Pourçain.

Il résulte d'un rapport fait à la Société d'agriculture du département de l'Allier par une commission spéciale qu'elle avait chargée d'examiner la méthode de dessèchement annoncée par

M. *Hastier Dumoussai* : 1° qu'elle est une application ingénieuse et utile du système de culture par billons, et que les planches peuvent
être désignées sous le nom de *billons croisés* ;

2°. Que ces billons diffèrent des billons ordi-
naires, en ce que les rigoles qui les séparent
sont tellement évasées, qu'elles ne forment,
depuis le fond jusqu'au sommet de l'ados des
billons, qu'une pente égale et peu sensible ;

3°. Qu'un champ ainsi cultivé ne présente
qu'une surface légèrement ondulée, qui permet
de labourer en travers des rigoles, soit perpen-
diculairement, soit obliquement à leur direc-
tion ;

4°. Qu'il résulte de ce mode de culture que
le labour étant donné en ados, suivant la cou-
tume presque générale du département, la terre
a partout une double pente, d'abord celle de la
disposition en ados, puis celle des ados eux-
mêmes, qui descendent du sommet du billon
au fond de la rigole, en y conduisant les eaux
superflues que cette rigole verse dans un fossé
régnant aux extrémités ou au bas de la pièce ;

5°. Enfin, les commissaires disent que ce
genre de culture peut être considéré comme une
manière de profiter habilement des inflexions

du terrain , même les plus légères , mais non comme un mode de dessèchement de prairies et de marais, observation sur laquelle ils croient devoir insister.

Pour pratiquer ce genre de culture, dit le rapport d'après M. *Hastier Dumoussai,* il faut au milieu des parties les plus basses, et partout où il en est besoin, il faut ouvrir à la bêche deux fossés parallèles d'un bout de la pièce à l'autre, à la distance de 10 mètres, de 1m 30c environ de largeur sur 0m 40c environ de profondeur , et lancer de part et d'autre la terre à la volée entre ces deux fossés, de manière à produire un bombement. Tous les fossés faits, on enlève leurs bords avec une araire ou une charrue, en mettant l'un des bœufs dans le fossé et l'autre sur la pente du billon ; ayant ainsi tranché les bords des fossés, les bœufs comme le bouvier ne rencontrent plus de difficultés , et peuvent labourer en tout sens comme ailleurs, les fossés étant comme *perdus* et ne présentant plus qu'une faible concavité, suffisante pour l'écoulement des eaux. La terre ainsi préparée pour les semailles, les sillons se font en travers de ces fossés perdus ou rigoles superficielles, dans le fond desquelles on fait avec l'araire une raie pour

conduire les eaux au fossé extérieur d'écoulement ; enfin on ouvre à la bêche tous les abou-
tissans des ados dans cette raie.

Les commissaires de la Société d'agriculture
de l'Allier pensent, sous le rapport des avantages de ce genre de culture : 1° qu'il est plus
économique que le billonnage ordinaire, le
mètre de rigole pouvant s'établir, terme moyen,
de 0f 10c à 0f 15c par mètre courant;

2°. Que les terres de curage de ces rigoles forment un excellent amendement qui sert pour
recharger le milieu du bombement ;

Et 3° que cet amendement est tel, que des
trois champs ainsi cultivés par M. *Hastier Dumoussai*, l'un sur lequel il venait de récolter
un froment présentait un chaume qui attestait
l'abondance de la récolte, que ce champ *pro-
duisait du froment, depuis cinq années, sans
fumier,* ce que les commissaires attribuent à
l'excellente nature du sol.

Quelques membres de la Société d'agriculture
de l'Allier ayant cru reconnaître une certaine
analogie entre ce procédé de culture et celui qui
fut introduit par M. *Gamarages* il y a vingt-
cinq ans, à Saint-Rémy-en-Rollat près de Gan-
nat, où il est encore pratiqué, M. *Dumoussai*
s'empressa de s'y rendre ; et, ayant fait connaître

aux habitans sa méthode, il leur a fait faire, le 28 février 1836, un certificat dûment légalisé, attestant 1° que, dans la culture de M. de *Gamarages*, les semailles suivent les sillons ; et 2° que, dans le procédé *Dumoussai*, les lignes de semailles traversent les billons.

Dans la communication de son procédé, M. *Hastier Dumoussai* vous a fait connaître un mode de culture avantageux pour les terres argileuses et humides sujettes à être inondées ; mais il n'a pas rempli les conditions du programme, qui exigeait une étendue de terrain desséché et mis en culture, de cinquante hectares au moins pour le premier prix, et de vingt-cinq hectares pour le second, puisque 1° le rapport de la commission de la Société d'agriculture de l'Allier ne fait mention que de trois champs assainis et mis en culture par son procédé, sans en déterminer l'étendue, que nous ignorons ; et 2° que M. *Hastier Dumoussai* n'a pas fait connaître la différence des récoltes antérieures à l'introduction de son procédé et les produits annuels, depuis qu'il y est établi.

Cependant, comme il résulte du procès-verbal de la Société d'agriculture de l'Allier, du 2 septembre dernier, et du rapport de sa commission, 1° que le procédé de M. *Hastier Dumous-*

sai, qu'elle propose de désigner sous le nom de *billons croisés*, est une application ingénieuse et utile du système de culture par billons ; 2° qu'il est plus économique que le billonnage ordinaire ; 3° qu'il présente les signes d'une culture raisonnée et avantageuse dans les terres sujettes aux inondations ; 4° que cette méthode est aujourd'hui adoptée et suivie par les cultivateurs de tout le canton ; et 5° que M. *Hastier Dumoussai* a de véritables droits à vos encouragemens et à votre bienveillance.

Nous avons l'honneur de vous proposer de lui décerner en séance publique votre grande médaille d'argent.

Paris, le 15 mars 1836.

HÉRICART DE THURY.

La Société adopte les conclusions du rapport, et décide qu'elle donnera, en séance publique, sa grande médaille d'argent à M. *Hastier Dumoussai*.

III. — M. *Renard*, ancien notaire, propriétaire à Amiens, a adressé à la Société un mémoire intitulé : *Topographie, constitution physique et manière d'être d'un terrain situé dans* la vallée d'Ancre, au terroir d'Authuile, canton d'Albert, arrondissement de Péronne, département de la Somme, desséché au moyen de boittout artificiels.

A son mémoire, M. *Renard* a joint : 1º un plan de la partie de la vallée d'Ancre, sur laquelle il a opéré ; 2º un profil géognostique du terrain dans lequel sont faits les puisards ou boittout ; 3º cinq feuilles de profils de nivellement de la vallée d'Ancre ; 4º une légende explicative de tous les travaux exécutés pour opérer le dessèchement ; et 5º un extrait de la matrice cadastrale de la commune d'Authuile, indiquant toutes les parties qui ont été desséchées par les travaux de M. *Renard*, et dont la totalité est de 28 hectares 19 ares 97 centiares.

Ces différentes pièces ont été légalisées par les autorités locales.

La rivière d'Ancre, qui prend sa source à Miraumont-sous-Bapaume, est dirigée du N.-E. au S.-O. Elle se jette dans la Somme près de Corbie, après un cours de 37 kilomètres, sur lequel elle fait tourner dix-sept moulins à blé, trois à huile et à papiers, et plusieurs filatures de laine et de coton. Près d'Albert, elle forme une cascade de 15 à 16 mètres de hauteur.

Ici nous sommes obligé de suppléer à l'insuffisance de la description oryctognostique du terrain donnée par M. *Renard*.

La vallée d'Ancre est ouverte dans la partie inférieure de la grande formation crayeuse, qui s'y présente en couches ou assises irrégulièrement divisées par l'effet d'un retrait forcé, sous l'aspect d'une maçonnerie grossière ou en gros moellons séparés, et laissant des vides en tout sens entre chacun d'eux. Enfin, cette partie de la craie présente des vestiges d'anciens puisards ou bétoires naturels, remplis de sables, graviers et cailloux roulés.

La partie de la vallée sur laquelle M. *Renard* a effectué son dessèchement s'étend de Thiepval à Authuile sur 2,500 mètr. de longueur, et contient, d'après la matrice cadastrale, 28 hectares 19 ares 97 centiares.

Les inondations presque constantes de cette partie provenaient, d'une part, de l'exhaussement des eaux de la rivière par les retenues faites abusivement par les propriétaires d'usines ; et, d'autre part, des eaux qui séjournent dans les nombreuses tourbières exploitées depuis long-temps dans cette vallée, dont le fond est généralement inférieur à la rivière par suite de l'extraction des tourbes, qui y ont une telle valeur, que chaque hectare de marais non tourbé se vend au moins 20,000 fr. ; enfin, la prairie d'Authuile, contenant plus de 15 hectares de ces marais tourbeux, on voit de quelle importance était, pour le pays, l'opération de leur dessèchement.

D'après les états produits par M. *Renard*, les frais se sont élevés, pour l'acquisition du terrain nécessaire pour l'ouverture du canal, les digues et les indemnités dues aux fermiers, à la somme exorbitante de. . . . . 28,900 fr. » c. dont il ne donne, du reste, point de détails.

Et, pour les frais d'opération du dessèchement, à. 5,660   50

Ainsi, au total, à la somme de. . . . . 34,560 fr. 50 c. qui devrait être justifiée.

M. *Renard* dit qu'il a été amené à faire ce dessèchement, ayant, à la suite d'un orage, remarqué que les eaux, qui avaient monté la veille à plus de deux mètres de hauteur, dans un bassin ou plafond situé entre la rivière et la côte de sa rive gauche, se trouvaient desséchées ; que cette observation lui donna l'idée de son essai, et il ajoute que, d'après le succès qu'il a obtenu, il a l'espoir de dessécher toute la vallée par le même procédé, cette vallée ayant, de son origine sous Miraumont jusqu'à Albert, une pente de 24 mètres.

Avant de commencer cette grande opération, M. *Renard* avait reconnu, par un nivellement général de la prairie dont il a donné tous les profils, et par des puits d'essai percés de distance en distance dans la côte voisine, qu'il avait plus de pente qu'il n'était nécessaire pour perdre toutes les eaux par des puisards ou boit-tout qui seraient établis dans les assises inférieures de la craie disposée, avons-nous dit, en gros moellons irréguliers séparés les uns des autres par de nombreuses fissures, et formant ainsi un filtre naturel ou terrain perméable, essentiellement propre à l'absorption des eaux.

A l'extrémité du canal d'écoulement, ouvert sur une longueur de 2,500 mètres, ayant 4 mèt. 60 cent. de profondeur, 6 mètres d'ouverture dans le haut, et 0^m 50 centimèt. dans le fond, M. *Renard* a fait ouvrir dans la côte une galerie souterraine de 50 mèt. de longueur sur 2 mètres de hauteur et largeur, à l'extrémité de laquelle ont été percés trois puisards ou boit-tout absorbans.

Les déblais de la galerie et des puisards ont

servi à faire les digues du canal, ou au remblai des parties trop profondes.

Enfin, trois aqueducs ont été construits sous les chemins appartenant à la commune d'Authuile.

Il est à regretter que M. *Renard* n'ait point fait constater le succès de cette grande opération par la Société d'agriculture du département de la Somme ou par vos associés correspondans. Dans un concours aussi important que celui-ci, de simples certificats de maires de communes ne peuvent suffire, les autorités locales se bornant communément à la légalisation des signatures.

Au reste, M. *Renard*, en vous faisant connaître le succès qu'il a obtenu, ne s'est pas dissimulé qu'il n'était pas dans les conditions du programme, puisque 1° le concours a été ouvert pour le desséchement des terres cultivables sujettes à être inondées, 2° que les concurrens devaient faire connaître l'état des récoltes avant et après les opérations du desséchement, et 3° que, dans les conclusions de son mémoire, M. *Renard* a lui-même déclaré qu'il lui était impossible de comparer les revenus des terrains desséchés avant et après l'opération : avant, le terrain inondé à 0^m 50 c. de hauteur ne produisant que des roseaux ; et depuis, ce terrain étant trop précieux sous le rapport de l'extraction de la tourbe, pour être livré à la culture.

Dans cet état de choses, et en considérant que si M. *Renard* n'a pas rempli les conditions de votre programme sous le rapport du dessèchement des terres cultivables et des certificats à produire, il a cependant donné un grand exemple de l'efficacité ou de la puissance absorbante des bétoires ou boit-tout artificiels pour le dessèchement des marais, et que ses opérations peuvent servir de modèle aux habitans du pays, pour dessécher les marais tourbeux qu'ils voudraient convertir en bonnes prairies, ou cultiver en jardins légumiers à l'instar des hortillonnages ou marais légumiers des environs d'Amiens.

Votre Commission a l'honneur de vous proposer de lui accorder votre grande médaille d'argent.

Paris, le 15 mars 1836.

Héricart de Thury.

La Société adopte les conclusions et propositions de la Commission, et décide qu'elle décernera, en séance publique, sa grande médaille d'argent à M. *Renard*.

§ II. MÉDAILLES POUR LA DESCRIPTION DES BÉTOIRES OU BOIT-TOUT, CONSIDÉRÉS DANS L'INTÉRÊT DE L'AGRICULTURE.

IV. — Dans son programme du 30 mars 1830, la Société avait annoncé qu'elle décernerait des médailles d'or, d'argent ou des livres d'agriculture à ceux qui lui adresseraient des mémoires sur l'existence des puisards, puits perdus, gouffres ou boit-tout naturels, sur la manière dont ils absorbent les eaux pluviales ou celles des fontes de neige, et sur leurs effets relativement au desséchement des terres sujettes à être inondées par ces eaux. La Société demandait, en outre, qu'on lui donnât, avec la topographie du pays, la description détaillée des terrains, leur nature, leurs accidens, la forme et la profondeur des gouffres, la disposition de leurs issues et le cours souterrain présumé des eaux vers les grandes rivières ou les fleuves des environs.

M. le docteur *Doé*, auquel la Société royale doit déjà plusieurs communications importantes, lui a adressé un mémoire sur les gouffres naturels, ou bétoires du Val de Flay, commune de Villers-Saint-Georges, arrondissement de

Provins, département de Seine-et-Marne, portant cette épigraphe : *rura mihi placeant.*

M. le docteur *Doé*, dans son mémoire, s'est en tout point conformé aux demandes de la Société ; il a d'abord présenté la topographie du pays ; il a ensuite donné une description détaillée des terrains, de leur nature et de leurs accidens ; il a examiné la forme, la profondéur et la disposition des gouffres ou bétoires, leur action ou puissance absorbante, le cours présumé que suivent souterrainement les eaux absorbées, les sources ou ruisseaux qui y prennent leur origine, enfin toutes les circonstances qui peuvent servir à faire bien connaître ces bétoires, leur cause première et tous les faits qui s'y rattachent.

En provoquant, par son programme, la description des gouffres naturels ou bétoires qui, dans quelques départemens, sont très nombreux, la Société avait particulièrement en vue de faire connaître leur importance pour le desséchement des terres sujettes à être inondées annuellement et les avantages que l'agriculture peut en retirer ; M. le docteur *Doé*, ayant rempli les demandes exprimées dans le programme, par son mémoire sur les gouffres naturels ou bétoires du val de Flay, en considérant que vous lui avez déjà décerné plusieurs médailles pour ses diverses communications, nous avons l'honneur de vous proposer de lui offrir, en séance publique, un exemplaire du *Théâtre d'agriculture d'Olivier de Serres.*

Paris, le 15 mars 1836.

HÉRICART DE THURY.

La Société adopte les conclusions et décide qu'elle offrira à M. le docteur *Doé* un exemplaire de sa grande édition du *Théâtre d'agriculture d'Olivier de Serres*, en séance publique.

IMPRIMERIE DE Mᵐᵉ HUZARD (née VALLAT LA CHAPELLE),
Rue de l'Éperon, n° 7.
1836.